本书由"十三五"重点研发计划项目
"目标和效果导向的绿色建筑设计新方法及工具（2016YFC0700200）"资助

目标导向的绿色建筑方案设计导则

Object - oriented
Green Building Design Guidelines
for the Early Stage

刘丛红　　杨鸿玮◎著

天津大学出版社
TIANJIN UNIVERSITY PRESS

图书在版编目(CIP)数据

目标导向的绿色建筑方案设计导则 / 刘丛红, 杨鸿玮著. -- 天津 : 天津大学出版社, 2021.4
本书由"十三五"重点研发计划项目"目标和效果导向的绿色建筑设计新方法及工具(2016YFC0700200)"资助
ISBN 978-7-5618-6909-3

Ⅰ. ①目… Ⅱ. ①刘… ②杨… Ⅲ. ①生态建筑—建筑方案—方案设计 Ⅳ. ①TU1201

中国版本图书馆CIP数据核字(2021)第083435号

MUBIAO DAOXIANG DE LYVSE JIANZHU FANGAN SHEJI DAOZE

出版发行	天津大学出版社
地　　址	天津市卫津路92号天津大学内(邮编:300072)
电　　话	发行部:022-27403647
网　　址	www.tjupress.com.cn
印　　刷	廊坊市海涛印刷有限公司
经　　销	全国各地新华书店
开　　本	130mm×185mm
印　　张	1.75
字　　数	32千
版　　次	2021年4月第1版
印　　次	2021年4月第1次
定　　价	19.00元

凡购本书,如有缺页、倒页、脱页等质量问题,烦请与我社发行部门联系调换

版权所有　　侵权必究

前　言

根据"十三五"重点研发计划项目对建筑师主导的绿色建筑创作及目标导向的建筑设计要求,导则编制组参考有关标准和规范,在总结科研和实践工作的基础上,特制定本导则。

本导则共分 6 章,主要技术内容包括:1 总则;2 专业术语;3 设计流程;4 设计策略;5 设计工具;6 合格目标值。

本导则由"十三五"重点研发计划项目"目标和效果导向的绿色建筑设计新方法及工具"(项目编号:2016YFC0700200)资助,由天津大学建筑学院负责管理和解释具体技术内容。执行过程中如有意见或建议,请寄送天津大学建筑学院(地址:天津市南开区卫津路92 号天津大学建筑学院 506 室,邮政编码 300072)。

本导则编制单位:天津大学建筑学院

本导则主要起草人员:刘丛红　杨鸿玮　王　楠
　　　　　　　　　　　程　坦　刘　立　王劲柳

目　　录

1　总　则

1.0.1　为帮助建筑师将建筑空间的"物质功能"及"精神感受"与当代"节能减排"的绿色需求有机结合,变革传统建筑设计思维模式,创新空间构思逻辑,对绿色建筑方案设计提供建议和指导,制定本导则。

1.0.2　本导则为建筑师在方案设计阶段提供绿色设计策略和设计流程,不针对特定热工分区(以下简称"地区")和建筑类型。如要进行具体某地区和某类建筑的绿色建筑方案设计,推荐建筑师或研究者参照本导则提出的研究过程和方法,确定适用的设计策略、概念、工具和目标,并可制定相应的设计导则分则。

1.0.3　本导则适用于建筑工程设计前期阶段,以量化目标控制建筑方案设计的核心绿色性能。

1.0.4　本导则以被动设计策略为主,旨在降低建筑能耗、减少碳排放量、促进材料再利用、合理开发利用可再生能源,帮助建筑师快速判断设计方案在节能减排方面的性能表现以及可循环利用材料和可再生能源的利用潜力,为建筑师提供优化建筑方案绿色性能的方法流程,包括策略、工具、合格目标等。

1.0.5　应用本导则时应因地制宜,在结合实际需求且充分考虑当地环境特点的基础上,进行合理的绿色建筑设计。

1.0.6　在本导则指导下进行绿色建筑设计,应符合国家及地方现行的法律、法规和设计规范。

2　专业术语

2.0.1　绿色建筑(green building)

绿色建筑是指在全寿命期内,节约资源、保护环境、减少污染,为人们提供健康、适用、高效的使用空间,最大限度地实现人与自然和谐共生的高质量建筑。

2.0.2　绿色性能(green performance)

绿色性能涉及建筑安全耐久、健康舒适、生活便利、资源节约(节地、节能、节水、节材)和环境宜居等方面的综合性能。

2.0.3　合格目标值(qualified target value)

合格目标值为方案阶段特定地区、特定建筑类型的建筑性能及格线,是针对设计初期的量化指标,也是判定建筑方案的重要性能是否达标的依据。

2.0.4　建筑能耗强度合格目标值(target value of building energy consumption intensity)

建筑能耗强度合格目标值是指根据气候特征、建筑类型和用能性质,按照规范化的方法得到的归一化的单位面积全年运行总能耗值,是方案阶段建筑能耗达标值。作为十三五重点研发计划项目的考核指标之一,项目要求"示范工程的能耗比《民用建筑能耗标准》同气候区同类建筑能耗的约束值降低不少于30%"。

2.0.5　建筑全寿命期碳排放强度合格目标值(target value of carbon emission intensity during the whole life of the building)

建筑全寿命期碳排放强度合格目标值是指根据气候特征、建筑类型和用能性质,按照规范化的方法得到的归一化的全寿命期单位面积年均温室气体排放量的数值,是设计方案全寿命期碳排放量达标值。作为"十三五"重点研发计划项目的考核指标之一,项目要求"示范工程的单位建筑面积碳排放值比2005年基准值降低不少于45%"。

2.0.6　可循环利用材料使用率合格目标值(target value of reusable and recyclable material utilization)

可循环利用材料使用率合格目标值是指在建材选择中,可再利用材料与可循环材料占同类材料百分比的达标值,是"十三五"重点研发计划项目的考核指标之一,项目要求"示范工程的可再循环材料使用率超过10%。"

2.0.7　可再生能源利用率合格目标值(target value of renewable energy utilization)

可再生能源利用率合格目标值是指非化石能源,如风能、太阳能、生物质能、地热能等提供建筑运行阶段的能量占建筑用能总量百分比的达标值。合格目标值设定不限于十三五重点研发计划项目的考核指标,本导则鼓励结合方案创意,根据设计项目所在地点的具体情况,设定开放的目标值,例如"可再生能源利用率"目标值。

3　设计流程

3.1　设计流程框架

本导则以绿色建筑方案设计的关键性能目标为导向,设计流程由遴选设计策略、生成设计概念、应用设计工具和确定性能目标四个主要部分组成,设计流程框架如图3-1所示。按照本流程,建筑师将筛选绿色设计策略,遵照"适用、经济、绿色、美观"的设计方针,融合常规设计方法和主观创意;通过建筑方案数字模型与性能模拟一体化工具,即时呈现量化的绿色性能指标值;对照绿色性能目标值,评价方案是否达标,通过进一步优化,达到或优于合格目标值。

3.2　设计流程概述

3.2.1　遴选设计策略

本导则以普适性为原则,根据绿色设计原理,形成开源的绿色设计策略库。建筑师在方案构思阶段,根据特定的气候、地理环境及建筑类型,从策略库中筛选适宜的绿色设计策略,与常规设计策略整合。鼓励建筑师在思考研

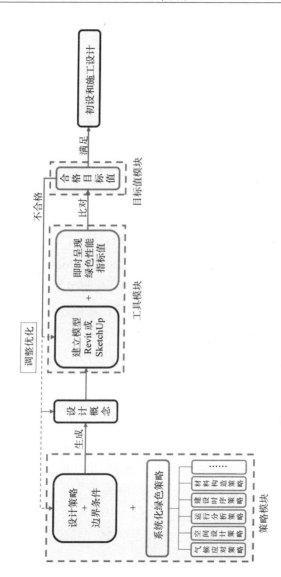

图 3-1　目标导向的绿色建筑方案设计流程框架

究的基础上扩展策略库,添加新的绿色设计策略到库本中。

3.2.2　生成设计概念

生成设计概念应立足于"适用、经济、绿色、美观"的建筑方针,充分结合常规的空间、功能、形式等设计要素和经济性因素。常规要素与绿色设计策略整合形成初步设计概念,是绿色设计策略转译为形式语言的关键环节。基于策略遴选与组合,生成设计概念的过程既符合常规设计流程,又融合了绿色设计思想,鼓励绿色建筑设计创新。

3.2.3　应用设计工具

应用设计工具是基于 SketchUp、Autodesk Revit 和 Rhino 等设计实践中常用的建模平台,研发方案建模与建筑性能一体化呈现的设计工具。即在常规建模的同时,即时呈现设计方案在能耗、碳排放、可循环利用材料和可再生能源利用等方面的模拟数值;并且当方案模型调整时,性能模拟的指标值也会随之更新。建筑师使用设计工具,可以对不同方案进行比选或优化,这一过程有助于建筑师深入理解不同绿色设计策略及其组合的影响机制。通过设计工具计算出的性能指标值,应对照性能目标值,若等于或优于性能目标值则判定为达标,相反则为不达标;如果不达标应重新筛选设计策略、调整概念方案,通过设计工具进行再次判定,直至达标。

3.2.4　确定合格目标值

本导则中的性能目标是方案设计阶段用于衡量设计方案在能耗强度、碳排放强度、可循环利用材料使用情况、可再生能源利用程度等性能指标应达到的合格目标值。不同地区、不同类型建筑的合格目标值,应根据本导则提出的核心性能指标类型和量化合格目标值确定方法,经计算和推导得出。

4　设计策略

4.0.1　本导则从气候应对、空间设计、运行分析、建设时序、材料构造五个方面编制绿色建筑设计策略,旨在启发绿色设计理念,融合设计实践常规思路,便于遴选策略,同时建立更具针对性的、开源的绿色设计策略数据库。

4.0.2　本导则涵盖的设计策略不针对特定地区和建筑类型,旨在建立普适性、整体性的绿色设计策略库框架。筛选策略的过程应考虑特定地区下某一建筑类型的实际情况,因地制宜地选择适用性策略。

4.1　气候应对策略

4.1.1　方案设计阶段应立足于当地自然条件,因地制宜地运用气候应对策略;应遵循被动策略优先原则,充分利用太阳辐射、风、自然光等自然条件,并结合其他设计策略,以达到节约资源、保护环境的目的。

4.1.2　气候分析应综合考虑标准年或典型年的太阳辐射、风速与风向、温度、湿度等气象数据信息。各地区的设计用室外参数应从官方渠道获得气象观测数据。

4.1.3　本导则所关注的与方案设计阶段密切相关的气候

因素有太阳辐射、风速与风向、温度、湿度等。

（1）方案设计阶段应充分结合气候与地域特色,增强有利季节的直接太阳辐射,避免不利季节的过度太阳辐射,通过天然光优化建筑环境,并充分挖掘太阳能利用的潜力。

（2）方案设计阶段应增强有利的自然通风,规避不利的主导风向,营造良好的风环境。

（3）方案设计阶段应考虑当地季节变化和昼夜温差,尽可能通过被动设计延长室内舒适温度的时长,从而减少主动措施运行的时间,实现节能减排。

（4）方案设计阶段应结合实际情况,避免高温高湿的湿热环境以及高温干燥的干热环境,优化使用者的热舒适感受。

4.1.4 与气候因素密切相关的气候应对策略有被动太阳能得热、自然通风、建筑蓄热、蒸发冷却等。严寒和寒冷地区适用的气候策略主要有建筑蓄热、被动太阳能得热、自然通风;夏热冬冷和夏热冬暖地区适用的气候策略主要有被动太阳能得热、自然通风;温和地区适用的气候策略主要为被动太阳能得热。

（1）被动太阳能得热,是一种吸收太阳辐射的自动加温过程,也是建筑内部结构的蓄热过程,设计初期应关注当地室外空气温度与太阳辐射量,判断该策略的应用方法。

（2）自然通风，是指依靠室外风力造成的风压或室内外温差造成的热压，促进空气流动和空气交换的一种被动策略。空气流动增加了人体与周围环境的对流换热和汗液蒸发，应在方案设计阶段考虑空气温度与空气流速，利用穿堂风、伯努利效应、风槽效应、烟囱效应等促进自然通风。当空气温度高于体表温度时不宜使用此策略。

（3）建筑蓄热，是使建筑材料白天成为吸热体，晚上成为散热体的一种被动蓄热方式。在昼夜温差大的地区，应考虑白天利用围护结构的蓄热性能阻止过多热量进入室内并且储存热量，夜间将储存的热量定向排放，以充分利用太阳辐射，保持建筑室内的舒适度。

（4）蒸发冷却，是一种利用水的汽化潜热降温的过程，分为直接降温和间接降温两种，应考虑在干热地区利用直接蒸发降温，湿热地区利用间接蒸发降温。

4.2　空间设计策略

4.2.1　空间是建筑方案设计的核心，不同地区和不同类型的建筑空间与其绿色性能密切相关。空间设计策略应遵循被动优先原则，结合建筑设计常规流程，通过建筑群总体规划、建筑单体和细部设计，优化功能与空间布局，从而实现提高建筑性能的目标。

4.2.2　建筑总平面设计应综合考虑朝向、日照、主导风向等因素，应合理利用日照和自然通风，建筑的主朝向宜选择本地区最佳朝向或适宜朝向,且宜避开采暖季主导风向。建筑群的总体规划应考虑减轻热岛效应。

(1)建筑的朝向、方位,宜选择结合气候分析和性能模拟得到的当地最佳朝向,避免不利朝向。

(2)采暖季应充分利用日照,避开不利的主导风向,减少建筑热损失;制冷季应减少过度日照,迎合主导风向,减少得热量。

(3)宜使用建筑性能模拟量化分析热岛效应、日照与自然通风,形成适宜的建筑群布局形式。

4.2.3 单体建筑形态设计策略。

(1)建筑体型设计应规整紧凑,避免过多的凹凸变化和无功能的装饰性构件,尽量减少产生对外热交换的建筑表面积。

(2)在保证建筑功能需求的同时,应借助性能模拟合理控制建筑平面形状和长宽比。

(3)在保证建筑功能需求的同时,应合理控制建筑面积和层数。

(4)在满足建筑使用要求的同时,应合理控制空间高度。

(5)建筑表皮设计应考虑不同朝向、不同类型建筑采用不同的窗墙比和开窗形式。

4.2.4 单体建筑空间布局设计策略。

(1)建筑平面设计应充分利用天然光,应结合所在地区气候条件,进行冬季保温和夏季防热设计。严寒和寒冷地区与夏热冬冷地区应充分利用冬季南向房间得热,降低夏季西向房间得热;夏热冬暖地区和温和地区应尽量通过被动式设计降低太阳辐射得热。

（2）建筑空间组织应有利于自然通风,便于实现夏季与过渡季温度调节,并宜通过中庭、边庭等共享空间利用烟囱效应调节微气候、改善室内天然采光。

（3）共享空间设计应考虑采暖季有效保温隔热,制冷季有效通风防热,优化空间体验的同时,兼具室内环境调节作用,利用烟囱效应促进室内空气循环。

（4）可以在建筑的入口、阳光房、双层表皮等空间设置热缓冲层,但要充分推敲合理的尺度以及在不同地区的实际效果。

4.2.5　建筑细部设计策略。

（1）建筑各立面外窗(包括透光幕墙)均应确定合理的窗墙面积比和外窗可开启面积,既考虑外窗得、失热情况,又兼顾其对天然采光和自然通风的综合影响。

（2）建筑东、西、南向外窗(包括透光幕墙)应根据气候条件及朝向设置形式合理的遮阳,严寒和寒冷地区应重点考虑南向遮阳,并兼顾东西向;夏热冬冷地区、夏热冬暖地区和温和地区建筑的各朝向均应采用遮阳措施。应充分考虑太阳高度角,并通过模拟优化验证遮阳设计效果,可选择固定遮阳、可变遮阳、形体自遮阳、绿化遮阳等形式,在保证冬季日照的前提下,避免夏季直接太阳辐射过量。利用屋顶天窗时,应做好遮阳设计,避免天窗阳光直射带来的负面影响。

(3)应合理设计建筑光环境,并优化细部,做好遮阳反光板的设计,起到近窗防止眩光,室内尽端补光的作用。

(4)应合理设计建筑风环境,并优化细部,做好捕风、导风等构件的设计,以在有利风向条件下增大室外风压从而促进室内形成穿堂风,在不利风向条件下发挥防风作用。

4.3 运行分析策略

4.3.1 不同建筑类型有其独特的运行规律和运行特点。建筑运行时不同功能空间存在持续性、间歇性的使用特点和季节、时段的使用差异,应根据建筑的预计使用情况和使用者的预期活动特征,选择高效的运行分析策略,从而在前期方案设计阶段做出积极的应对。

4.3.2 对于全天候使用的持续性运行建筑(如养老机构、医院等),在全年无差别使用过程中,应在方案设计阶段根据未来使用者的行为模式和活动频率,对室内空间布局进行精细化设计,合理设置功能;对于运行特点一致的功能空间应水平或垂直集中布局,以确保不同空间的舒适性。例如,养老设施中不同护理级别的空间分类集中布局和精细化设计,能够在保证舒适度的同时降低资源消耗。

4.3.3 对于存在时段差异的持续性运行建筑(如交通建

筑等），在全年全天候使用过程中，针对间断出现的使用高峰时段，应结合特定功能使用频率和人流量变化，合理布局主要功能空间，有序设计人员流线；并进一步根据运行分析，灵活调控功能空间的使用比例，以实现建筑性能的优化提升。例如，在高铁站房的方案设计阶段，应考虑夜间车次稀少、人流量低这一运行特点，可通过灵活关闭部分候车空间的设计方式，达到节能减排的效果。

4.3.4　对于存在季节差异的间歇性运行建筑（如校园建筑、培训机构等），针对其只在全年中某些季节使用，其他季节不使用或低频率使用的情况，根据季节特点，方案设计阶段应重点针对运行季节的性能优化采取高效的设计措施。例如，校园建筑在冬季最冷和夏季最热的时段为假期，使用频率较低，因此通风构件和遮阳设施的形态应重点针对寒暑假以外的时段。

4.3.5　对于存在时段差异的间歇性运行建筑，针对其只在一天中的某些时段使用，其他时段不使用或低负荷运行的情况，应根据时间规律适当减少针对非运行时段的性能提升设计，重点针对运行时段选择有效的被动式设计策略。存在昼夜运行差异的建筑（如办公建筑、商业建筑等），应合理控制非使用时段的资源与能源消耗，紧凑布置性能需求相似的建筑空间。存在高低峰运行差异的建筑（如体育馆、影剧院、会展中心等），应结合特定功能使用频率和人流量变化，合理布局主要功能空间，有序设计人员流线。

4.4 建设时序策略

4.4.1 设计过程中如遇到以下情况应有分期建设意识,旨在降低一次性建设产生的碳排放强度,降低建筑运行能耗和全寿命期碳排放量。

(1)业主征地工作不能一次完成,短时间内没有足够的建筑用地。

(2)一次性建设投资过大,建设规模的经济合理性评估不理想。

(3)设计人数及使用需求有远期和近期的差别,导致设计规模有所区别。

4.4.2 分期建设时应合理控制建筑规模、规划建设时序,分二期乃至多期进行建设。

4.4.3 分期建设在实施过程中受各种因素的影响而具有较大的不确定性,因此建筑总体布局应充分考虑未来可变性。

4.4.4 建筑设计中应考虑各期建设内容的完整性、相关性和可实施性,避免分期建设造成未来功能不合理、工程造价昂贵和建筑造型不完整等问题。

4.4.5 合理设计建筑功能与流线,尽量降低未来施工对正常功能的影响,保证后期扩建的可能性。

4.5 材料构造策略

4.5.1 材料构造策略是通过材料色彩和肌理的表达、可循环材料的利用、围护结构构造性能的提升,达到节能减排和节材的有效途径,应与气候应对、空间设计、运行分析、建设时序等策略同步考虑。

4.5.2 在方案设计阶段,应充分利用建筑材质的色彩和肌理表达,在实现建筑创意和空间氛围营造的同时,提升建筑环境、优化建筑性能。例如,建筑外立面色彩的选择,应充分考虑其对太阳辐射的吸收和反射能力。同时应利用不同肌理材质的拼接和处理,实现建筑界面整体蓄热性能、热压通风性能的组织和调节。

4.5.3 在方案设计阶段宜合理追求可循环利用材料的表现,选择低含能的建筑材料,选择地域性材料以减少建材运输中的能源消耗,尽量使用标准化材料以促进其再利用,使用预制装配式工艺以提升其环境效益。

4.5.4 建筑围护结构构造主要包括外墙、屋面、外窗和楼地面。根据不同地区的居住或公共建筑节能设计标准,围护结构的物理指标均应满足节能设计标准要求,以便预测性能目标值。本导则关注的主要物理指标是外墙、屋面、外窗、楼板的传热系数,外窗的太阳能得热系数等。

5 设计工具

5.0.1 根据目前建筑师方案设计的常规流程,筛选 SketchUp、Autodesk Revit、Rhino 等常用的设计建模软件,进行"性能分析工具"研发,形成能够即时呈现性能量化指标的可视化互动工具。

5.0.2 在方案设计的建模过程中,应首先选定该项目的建设地区、建筑类型、运行特点、构造信息等设置参数,使模拟分析与真实情况接近,以便较好地反映建筑的能源效益和环境效益,最大限度减轻建筑师的负担。

5.1 建筑信息建模

5.1.1 应针对设计方案运用 5.0.1 中提出的常用设计建模软件,进行精确的三维建模。构建建筑几何信息、设置围护结构信息和选择系统运行模板,以便进行能耗强度、全寿命期碳排放强度、可循环利用材料使用率和可再生能源利用率的计算。

5.1.2 建筑几何信息应尊重原方案创意,建立完整的建筑体量、建筑形态、平面布局、空间组织和立面开窗等。

5.1.3 围护结构信息应从建材库中遴选相应的建筑材料,

确定墙体、屋顶、楼板、门窗和柱子等的传热系数(K值)及其他参数。

5.1.4 系统运行信息应选择相应的系统运行模板。

5.2　性能指标预测

5.2.1　完成建筑信息建模后,建筑师点击建模软件内嵌插件,调用"性能分析工具",进行性能指标量化模拟。建筑师应在"性能分析工具"界面上选择方案所在地区和建筑类型,调用软件内置的对应指标体系。

5.2.2　运用"性能分析工具"进行运行能耗强度模拟时,应设置合理的围护结构传热系数,并选择系统模板。完成设置后,点击"能耗强度"计算面板,获得相应方案的能耗强度值。

5.2.3　运用"性能分析工具"进行全寿命期碳排放强度模拟时,应基于运行能耗强度,选择用能类型,通过"全寿命期碳排放强度"计算面板,预测指标数值。

5.2.4　运用"性能分析工具"进行可循环利用材料使用率计算时,应基于建筑信息模型中的材料设置和用量明细表,在方案模型中点选预制构件和可循环利用材料部位,计算各类别建筑材料中可循环利用材料的使用率。

5.2.5　运用"性能分析工具"进行可再生能源利用率计算时,应设置可再生能源利用类型和生产率,运用可再生能源利用面板进行可再生能源潜力计算,最终确定该方案的可再生能源利用率。

5.3 性能对标反馈

性能对标反馈,即在建筑方案建模的同时通过调用建筑性能模拟软件,即时呈现关键性能预测数值,即方案模拟预测值与性能合格目标值同时显示。模拟值与目标值比对,方便直观地对建筑性能进行定量判断。如果模拟值优于目标值则满足设计目标,可进行下一步设计;反之则不满足,建筑师需要调整设计策略、修改模型,以满足设计目标。在"设计—模拟—反馈—修正"的不断循环中,促使绿色建筑设计方案不断深化和优化。

6　合格目标值

6.0.1　合格目标值是评价建筑设计方案性能表现的重要依据。本章节包括建立核心性能指标和量化合格目标值，即针对核心性能指标体系，提出具体的量化方法，得出对应的合格目标值。

6.0.2　核心性能指标是特定地区的某类建筑在方案设计阶段应关注的关键绿色性能指标；合格目标值则是每一性能指标应达到的合格线，用于与设计方案实时性能模拟值进行比较，判断设计方案是否达标。

6.0.3　本导则提出了合格目标值的研究过程。在设计过程中，若特定地区某类建筑的性能指标和目标在本导则中已明确规定，应直接进行设计方案对标。若该地区某建筑类型的性能指标和目标未明确规定，则应参照本导则提出的研究过程和方法，确定性能指标和对应的合格目标值。

6.1　建立核心性能指标

建筑方案性能表现是建筑在运行阶段乃至全寿命期内达到节能减排、资源集约的关键。方案设计对建筑能耗、碳排放、可循环利用材料与可再生能源利用等建筑性能起到关键作用。针对不同地区和不同建筑类型,核心性能指标体系应包括但不限于以下四个方面。

（1）能耗强度:某类建筑单位面积的全年建筑运行总能耗,针对方案设计阶段,单位为 $kW \cdot h/(m^2 \cdot a)$。由于建筑用能形式不仅包括电耗,在实际使用过程中还涉及煤、天然气等其他种类能源,应按照供电煤耗法、供电气耗法等方法统一能源品级,以便于计算。该目标是"十三五"重点研发计划项目的考核指标之一,项目要求"示范工程能耗比《民用建筑能耗标准》同气候区同类建筑能耗的约束值降低不少于 30%"。这里采用与建筑方案设计直接相关的供暖、制冷、照明三项表征建筑能耗强度。

（2）全寿命期碳排放强度:某类建筑在设计全寿命期内,单位面积的全年温室气体排放量（简化为二氧化碳排放强度）,包括建材生产与运输、建筑施工、建筑运行、建筑拆除、废物回收与处理五个阶段的二氧化碳排放总强度,单位为 $kgCO_2/(m^2 \cdot a)$。该目标是"十三五"重点研发计划项目的考核指标之一,项目要求"示范工程的单位面积碳排放值比 2005 年基准值降低不少于 45%"。

（3）可循环利用材料使用率:建材选择中,可循环利用材料占同类材料的百分比。如钢材、木材等可以直接回收再利用的预制构件、预制模块等;或玻璃、金属等通过特殊工艺形成再生材料,实现可循环利用。该目标是"十三五"重点研发计划项目的考核指标之一,项目要求"示范工程的可再循环材料使用率超过 10%。"

（4）可再生能源利用率：非化石能源，如风能、太阳能、生物质能、地热能等，提供建筑运行阶段的能量占建筑用能总量的百分比。

6.2　量化合格目标值

6.2.1　本导则提出方案设计阶段核心性能目标值的量化方法，为不同地区和不同建筑类型的合格目标值确定提供参照。

6.2.2　能耗强度合格目标值的确定方法包括但不限于以下四种。

（1）根据能耗标准引导值计算。

《民用建筑能耗标准》（GB/T 51161—2016）已提出居住建筑非供暖能耗约束值、公共建筑非供暖能耗约束值和引导值、严寒和寒冷地区建筑供暖能耗约束值和引导值，并指出其所给出的引导值应作为新建建筑规划设计时的用能上限值。经计算分析，约束值的 70% 与引导值接近，因此应采用引导值作为方案设计阶段的能耗目标值，实现建筑运行能耗比约束值降低至少 30% 的目标。对于能耗标准中涉及的地区和建筑类型，针对非供暖能耗引导值（居住建筑采用约束值），根据能耗分项比例关系计算制冷和照明的能耗引导值。将该数值与供暖能耗引导值相加，最终得出包括供暖、制冷和照明能耗的总能耗引导值,作为方案设计阶段的目标值。

$$E_O = E_H + E_{NH} \cdot p_C + E_{NH} \cdot p_L$$

式中:E_O 为能耗目标值;E_H 为《民用建筑能耗标准》中的供暖能耗引导值;E_{NH} 为非供暖能耗引导值;p_C 与 p_L 分别为制冷和照明能耗分项所占总非供暖能耗的百分比。

(2)根据能源规划计算。

根据我国未来能源发展总体目标中提出的一次能源消费总量控制值,以及我国建筑用能占社会总能耗的比例,确定我国建筑用能总量。从建筑用能总量和用能强度双控制出发,确定我国未来居住建筑、公共建筑的规模总量及用能强度,并进一步确定居住建筑、公共建筑中不同建筑类型的规模总量以及用能强度。针对不同建筑类型的非供暖用能强度,根据运行能耗分项比例关系,计算制冷和照明的能耗值。将该值与供暖能耗值相加,最终得出包括供暖、制冷和照明能耗的总能耗值,作为建筑运行阶段的目标值。能源规划计算得到的目标值与方案设计阶段的目标值存在一定差距,因此必须确定合理的转换系数以得到方案设计阶段的目标值。

(3)根据实际监测数据计算。

基于不同地区、不同建筑类型的典型案例调研和实际运行能耗监测,形成建筑总能耗及分类能耗数据库。采用统计学方法以单体建筑运行阶段的监测数据为基础,对实测数据和信息进行分析,确定该建筑类型运行阶段的目标值。实际监测数据计算得到的目标值与方案设计阶段的目标值存在一定差距,因此必须确定合理的转换系数以得到方案设计阶段的目标值。

(4)根据施工图纸模拟计算。

根据施工图纸进行模拟计算以反推方案设计阶段的目标值。选取典型案例的施工图纸建立模型数据库,通过建筑模拟计算和分析,获得施工图设计阶段的目标值。施工图阶段可以通过设备系统、材料优化达到更优的性能目标,因此方案设计阶段的能耗目标值作为上限数值,可以略大于施工图设计阶段的目标数值。此方法必须确定合理的转换系数(≥1)以得到方案设计阶段的能耗目标值,该系数应有依据和具体说明。

6.2.3 全寿命期碳排放量合格目标值量化方法,包括但不限于以下方法。

基于 6.2.2 中确定的单位面积能耗目标值及能耗分项比例关系,计算建筑运行阶段的总能耗。根据《建筑碳排放计算标准》(GB/T 51366—2019)中规定的能源碳排放因子,乘以时间加权系数,得到时间加权后的建筑运行阶段的碳排放量。通过确定建筑运行阶段碳排放量占建筑全寿命期碳排放总量的比例,计算建筑全寿命期碳排放量目标值,以达到比 2005 年基准值减排 45% 的目标。

$$C = [E_{grid} \cdot e_{grid} + \sum_{k=1}^{n} (E_{fuel, k} \cdot e_{fuel, k})] \cdot t/\rho$$

式中:C 为全寿命期碳排放强度目标值;E_{grid} 和 E_{fuel} 分别

为电和其他化石燃料的用能强度；e_{grid} 和 e_{fuel} 分别为电和其他化石燃料的碳排放因子；k 为不同种类的化石燃料类型；t 为时间加权系数；ρ 为运行阶段碳排放强度占全寿命期碳排放总强度的比例。

6.2.4 可循环利用材料使用率合格目标值量化方法。

应使用可循环建筑材料，减少废弃物和新建材用量，降低废弃物处理和新材料生产对资源和环境的影响。设计中应使各个类别建筑材料中可循环材料使用率超过10%，或提高部分类别建筑材料中可循环材料使用率，使综合平均使用率超过10%。设计中须提供材料可以被再循环利用的证明文件和计算书。

6.2.5 可再生能源利用率合格目标值量化方法。

应根据当地气候和自然资源条件，充分挖掘并合理利用可再生能源。应确定由可再生能源提供的能量占总用能以及各用能分项的百分比，并提供相关计算书。

本导则用词说明

（1）为便于在执行本导则条文时区别对待，对要求严格程度不同的用词说明如下。

①表示很严格，非这样做不可的：正面词采用"必须"，反面词采用"严禁"。

②表示严格，在正常情况下均应这样做的：正面词采用"应"，反面词采用"不应"或"不得"。

③表示允许稍有选择，在条件许可时首先应这样做的：正面词采用"宜"，反面词采用"不宜"。

④表示有选择，在一定条件下可以这样做的采用"可"。

（2）条文中指明应按其他有关标准、规范执行的写法为"应符合……的规定"或"应按……执行"。

引用标准及导则名录

《公共建筑节能设计标准》（GB 50189—2015）

《严寒和寒冷地区居住建筑节能设计标准》（JGJ 26—2018）

《夏热冬暖地区居住建筑节能设计标准》（JGJ 75—2012）

《绿色建筑评价标准》（GB/T 50378—2019）

《建筑采光设计标准》（GB 50033—2013）

《建筑照明设计标准》（GB 50034—2013）

《民用建筑能耗标准》（GB/T 51161—2016）

《民用建筑热工设计规范》（GB 50176—2016）

《建筑碳排放计算标准》（GB/T 51366—2019）

《民用建筑绿色性能计算标准》（JGJ/T 449—2018）

《被动式超低能耗绿色建筑技术导则（试行）（居住建筑）》（建科[2015]179 号）

设计导则应用范例

在节能减排、可持续发展的宏观背景下,我国绿色建筑多在完成以"适用、经济、美观"为原则的常规设计后加入绿色建筑咨询的环节,以达到《绿色建筑评价标准》的要求。这种设计流程易陷入技术堆砌的窠臼[2],导致建筑师在方案设计阶段对绿色设计策略考虑不足,对绿色性能的贡献率偏低。

基于我国建筑的绿色化发展,建筑设计趋势将从技术措施应用转向追求绿色性能[3],而方案设计阶段是建筑性能表现的基础和关键环节,具有极大的节能减碳、提升舒适度的潜力[4]。因此,本书以绿色性能为目标,提出了适合建筑师在方案设计阶段融入绿色设计策略的设计流程,并以台儿庄市民服务中心方案设计为例,从四个阶段对该案例进行详细阐述,解析性能目标导向下的绿色建筑设计流程。

1 设计流程——以性能目标为导向的绿色建筑设计

性能目标导向下的绿色建筑设计流程由确定性能目标、遴选设计策略、生成设计概念、应用设计工具四部分组成(图 1)。按照该流程,建筑师筛选适宜的绿色设计策略,与常规设计中空间、功能、形式等设计要素及主观立意

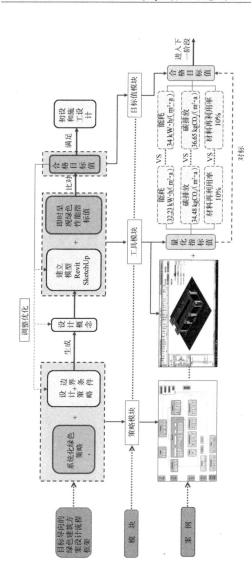

图 1 导向的绿色建筑设计流程

相融合,形成概念方案。在此基础上,通过性能模拟一体化呈现工具对方案进行建模和性能分析,将模拟数值与各项性能的合格目标值进行比对,评价方案是否达标。

合格目标值是建筑性能应达到的最低标准,是评价设计方案达标的重要依据,不同热工分区下的不同建筑类型性能目标值应有所不同。区别于常规技术措施导向下的绿色设计策略,该流程从建筑设计的角度出发,融合绿色设计理念,提出气候应对、空间设计、运行分析、建设时序、材料构造五方面的设计策略库,旨在指导建筑师在方案设计阶段,根据特定的气候、地理环境和建筑类型筛选适宜的绿色设计策略。生成设计概念则是基于筛选的绿色设计策略,将其与常规的功能、空间、形式等常规设计要素、经济性因素等整合,是绿色设计策略转译为形式语言的关键环节,既符合常规设计流程,也融合了绿色设计思想。设计工具为基于 SketchUp、Autodesk Revit 或 Rhino 等设计实践常用的建模平台,研发的建模与建筑性能一体化呈现的设计工具。通过该工具,建筑师对方案进行比选或优化,并将建筑性能模拟数值与目标值比对,若优于目标值则判定方案达标,相反则不达标,应重新筛选设计策略、调整概念方案,通过设计工具进行再次判定,直至达标。

2 设计流程应用——台儿庄市民服务中心建筑设计

2.1 项目背景及概况

台儿庄市民服务中心(以下简称市民中心)位于山东省南部的枣庄市台儿庄行政新区。台儿庄因河而兴,具有"江北水城"的美誉,又为台儿庄大战的发生地,运河文化和大战文化的交融赋予了台儿庄独特的城市文化内涵。行政新区位于台儿庄新老城区的交会地段(图2)。基于此,行政新区在总体规划时,遵循"传承地域文化、延续城

图2 台儿庄发展规划图

市轴线"的规划理念,沿台儿庄原有的发展方向,布置南北中心轴线,市民中心区组团位于行政新区基地的中部,地处组团内基地北侧的核心位置,用地北面为城市主干道台中路,南侧面向市民中心广场(图3)。

　　基于上述背景,并依托行政新区的总体规划,市民中心被定位为一栋综合对外服务和对内办公的办公楼。同时,明确了建筑以被动式策略为主导、辅以主动式技术的绿色策略整合设计方向,在方案设计中,遵从以性能目标为导向的绿色建筑设计流程。

2.2　确定合格目标值

　　性能目标需在确定性能指标的前提下对其进行量化,以约束建筑的性能表现,性能指标包含建筑能耗强度、全寿命期碳排放强度、可再循环材料利用率、可再生能源利用率等。以能耗强度为例,通过能源规划计算、能耗标准引导值计算和施工图纸模拟计算三种计算方法证明了《民用建筑能耗标准》(GB/T 51161—2016)中的引导值可作为建筑方案设计阶段的能耗基准值,基于基准值和建筑类型,选取与方案设计相关度高的能耗分项并加和,即为方案设计阶段能耗目标值。

　　市民中心的建筑性质为办公建筑,处于我国热工分区中的寒冷地区。根据用能分项,供暖空调系统能耗占40%~50%,照明能耗占 30%~40%[5]。因此,针对市民中心,选取受设计因素调控且节能潜力较大的供暖、制冷、照

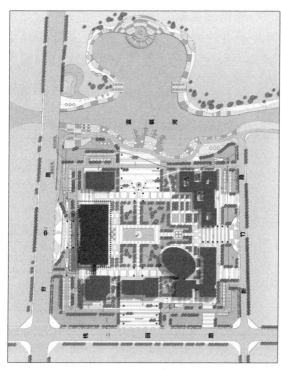

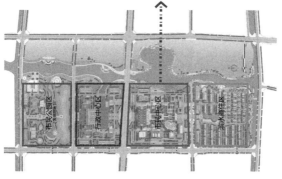

图 3　行政新区规划布局及市民中心所在位置

明三项能耗分项,根据能耗标准给出的引导值和办公建筑能耗分项比例关系对其进行计算(表 1[6])。确定市民中心所属的 A 类国家机关办公建筑的能耗强度目标值为 34 kW·h/(m²·a)。

表 1　寒冷地区办公建筑能耗目标值(kW·h/(m²·a))

建筑分类		能耗值目标值		
		非供暖能耗	供暖能耗	总能耗(制冷、照明、供热三项能耗加和取整)
A 类	党政机关办公建筑	45	制冷 9.45 照明 9.9	14.7	34.0
	商业办公建筑	55	制冷 20.35 照明 15.4	14.7	50.0
B 类	党政机关办公建筑	50	制冷 10.5 照明 11	14.7	36.0
	商业办公建筑	60	制冷 22.2 照明 16.8	14.7	54.0

　　① A 类为可通过自然通风达到室内温度舒适要求的公共建筑;B 类为因建筑功能、规模等因素的限制,无法利用自然通风,依靠设备系统维持室内舒适要求的公共建筑。
　　②表中供暖方式为区域集中供热,按照供电煤耗法(0.320 kgce/(kW·h))和供电气耗法(0.2 Nm³/(kW·h))转换为电力。

2.3　设计策略遴选

　　被动式设计策略的充分挖掘能够在方案初期为工程实践项目的节能减排潜力打下良好基础,因此设计之前,需要分析项目所在地的气象数据以确定合理的被动式策略,为建筑师在方案设计阶段的设计操作提供依据。市民中心地处寒冷地区,依照 WeatherTool 工具对不同被动式策略敏感度的分析(图 4),给出的高效策略组合为"建筑蓄热+自然通风"。因此,基于建筑群规划布局、建筑单体设计、建筑细部设计的常规设计流程,从气候应对、空间设计、运行分析、建设时序、材料构造五个层面,从策略库中筛选以建筑蓄热、自然通风为主,兼顾保温、隔热、天然采光的绿色设计策略(图 5),旨在降低市民中心的供暖、制冷、照明能耗。

2.4 设计概念生成

根据项目背景,市民中心依托台儿庄行政新区,城市文化氛围浓厚,是文脉延续与形象创新的关键,因此确定市民中心在满足基本功能的前提下,以"地域文化+绿色"为设计概念出发点,并将筛选的绿色策略与常规设计要素结合,生成各个设计层面的形式语言。

市民中心被布置于基地北侧,为一栋多层办公建筑,总建筑面积 2.8 万平方米。地上五层为主要功能用房,地下一层为停车场(图 6)。其中,一层至二层设置对外服务大厅及辅助用房,三层至五层为对内办公用房。建筑以围合式布局进行布置,中部为庭院,四周分布功能用房。

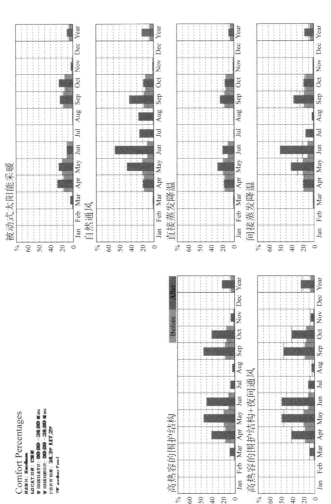

图 4　被动式策略贡献率分析

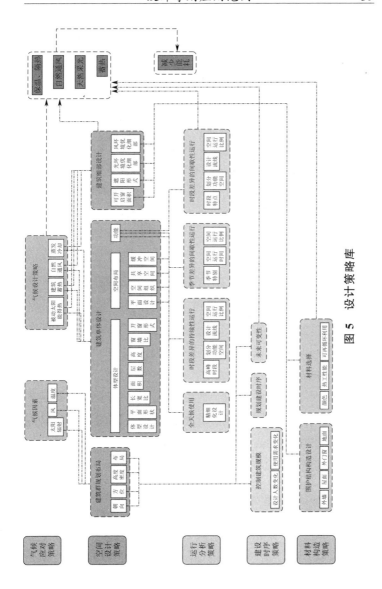

图 5　设计策略库

图 6　市民中心效果图

2.4.1　文化层面策略

在规划布局的设计中,市民中心采用简洁的方形体量,与市民中心区其他公共建筑围合布置,形成方形的建筑外边界,以"方印"为立意体现台儿庄"江北水城"的古城特色;同时,象征传统篆刻文字"民",体现市民中心"以民为本"的服务思想。沿河岸一侧采取开敞布局、围而不合,则体现了市民中心的开放性与包容性(图7)。建筑单体设计中,考虑到市民中心处于行政中心区的规划中轴线上,对市民中心的高宽比加以控制以营造庄严肃穆的行政氛围;在建筑形象中则采取传统建筑中横向三段、竖向三段和中轴对称的构图手法,并延续台儿庄古城的灰色基调(图8)。建筑细部设计中,提取台儿庄古城建筑中的材质与元素进行应用,立面采用柔和的木材和灰砖肌理穿插布置的形式,梁柱出挑、横向线条营造出了传统与典雅的意境。

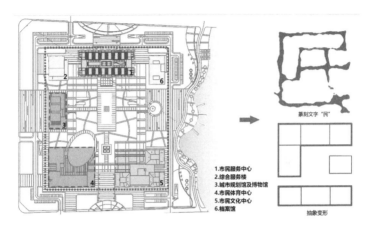

图 7 市民中心区建筑规划及意向

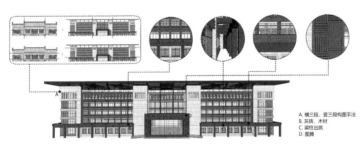

图 8 市民中心构图手法及传统元素运用

2.4.2 绿色层面策略

气候应对策略体现在建筑从规划布局到单体设计的
各个阶段,合理的规划布局和建筑体型设计是建筑适应气候最为直接和有效的设计手段。台儿庄全年主导风向为东向,冬季西北风频率较大,最佳朝向偏南。市民中心区建筑群的规划布局采取西北向围合,东侧敞开,中央为开放空间的方式(图9),冬季可以充分利用太阳辐射并阻挡西北向寒风,夏季又能增强自然通风。在市民中心单体的设计中通过规整的体型设计,减少建筑表面积,避免过度的热交换,南向无建筑遮挡使得市民中心拥有坐北朝南的有利朝向,并通过控制长宽比最大限度地利用太阳辐射。在此基础上充分利用屋顶空间,将结构柱向上延伸与水平屋架形成双层通风屋面,既起到引导气流实现良好通风的作用,又可通过种植藤蔓植物起到遮阳和调节微气候的作用(图10)。

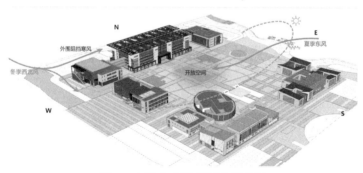

图9   市民中心区规划布局分析

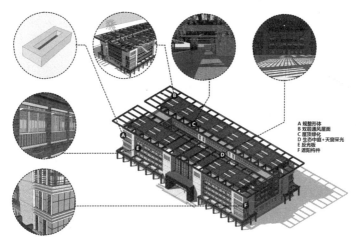

A 规整形体
B 双层通风屋面
C 屋顶绿化
D 生态中庭+天窗采光
E 反光板
F 遮阳构件

图 10 市民中心绿色策略应用

　　空间设计是建筑方案设计的核心,市民中心一层、二层为对外服务市民的办公区域,建筑平面布局采用了有利于保温防寒的集中式布局,但空间过分集中不利于自然通风。建筑师在此基础上将南北入口空间打通,形成贯穿两层的中庭空间,并与三层至五层的室外庭院相贯通(图11)。夏季开启天窗,利用风压通风实现良好的空气流通效果,冬季关闭天窗使中庭空间充分吸收太阳辐射形成储热空间,同时天窗将自然光引入室内,减少照明能耗。建筑细部设计中,由于综合朝向和空间功能的不同,南向窗墙比设计得比较大,东西向较小,并在东、西、南三个方向根据夏季和冬季的太阳高度角设置适宜的遮阳构件,在保证冬季日照的前提下避免夏季直接太阳辐射过量。为进一步优化办公空间的室内光环境,在外窗设置调节式反光板,起到近窗防止眩光,室内尽端补光的作用,进而减少照明能耗(图12)。

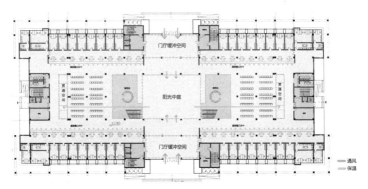

图 11　绿色策略分析——平面

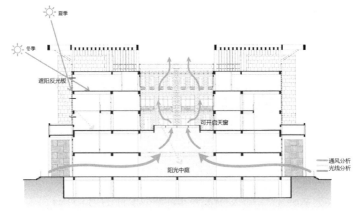

图 12　绿色策略分析——剖面

市民中心的建筑性质为办公建筑,从运行特点上看属于存在时段差异的间歇性运行建筑,运行时间为工作日的白天。因此,根据功能差异,将一层、二层设置为对外办公区域(图13)。其中,公共窗口办公区域集中于一层和二层西侧,室内对外办公区域布置在二层东侧,该区域可根据间歇或持续出现的高峰时段,结合人流量变化进行功能空间的布置与划分,灵活调控空间运行比例以降低运行能耗。三层至五层布置为对内办公区域(图13),白天可根据人员在室率调控设备运行模式及运行比例,夜间则关闭设备或低负荷运行。

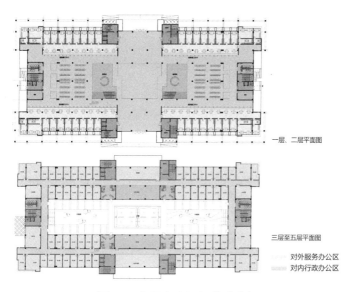

一层、二层平面图

三层至五层平面图

对外服务办公区
对内行政办公区

图13 市民中心运行策略分析

　　考虑到市民中心区若一次性建设,投资过大且建设规模的经济合理性评估不理想。根据建筑规模和规划建设时序,采取分三期进行建设的建设时序策略。市民服务中心单体为一期建设内容(图14),旨在降低一次性建设产生的碳排放强度,减少建筑运行能耗和全寿命期碳排放量。

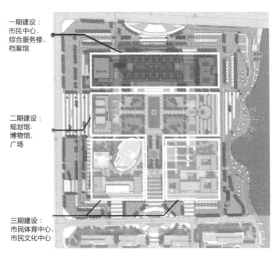

一期建设:
市民中心、
综合服务楼、
档案馆

二期建设:
规划馆、
博物馆、
广场

三期建设:
市民体育中心、
市民文化中心

图14　市民中心区分期建设图

　　在材料构造策略中,围护结构通过增设保温层以改善保温隔热性能,其热工性能指标则按照《公共建筑节能设计标准》(GB 50189—2015)设置:外墙 U 值为 0.5 W/(m²·K),屋面 U 值为 0.45 W/(m²·K),外窗 U 值为 2.4 W/(m²·K)、太阳得热系数为 0.48。

2.5 应用设计工具

由于即时呈现性能量化指标的可视化工具处于开发阶段,本范例采用常规的建模软件 SketchUp 和能耗模拟软件 DesignBuilder 联合进行性能分析。能耗模拟计算时,首先根据设计概念方案信息进行三维建模(图 15),包括建筑几何信息、围护结构信息和系统运行信息(表 2)。经模拟计算,总能耗为 32.23 kW·h/(m²·a),其中市民中心照明能耗值高于目标值,采暖、制冷能耗值均小于目标值(图 16)。

表 2　模型信息

建筑几何信息		围护结构信息		系统运行信息	
朝向	南北	外墙 U 值 (W/(m²·K))	0.5	供热设备及效率	燃煤锅炉: 0.8
平面	116.2 m × 52.6 m	屋面 U 值 (W/(m²·K))	0.45	供热时间	11 月 15 日— 3 月 15 日
层高	1~2 层 5.1 m 3~5 层 4.9 m	外窗 U 值 (W/(m²·K))	2.4	供暖设计/值班 温度(℃)	20/5
		气密性 (ac/h)	0.2	制冷设备及效率	2.5
				制冷时间	5 月 15 日— 9 月 15 日
				制冷设计/预冷 温度(℃)	26/28
				照明功率 (W/ m²)	办公区:9 辅助区:3

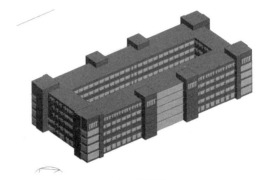

（a）透视图

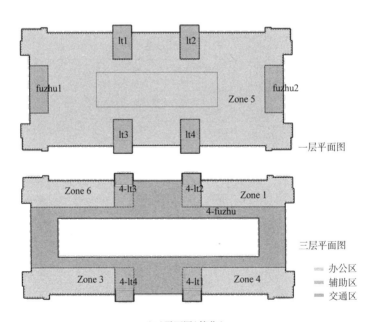

（b）平面图（简化）

图 15　三维建模图

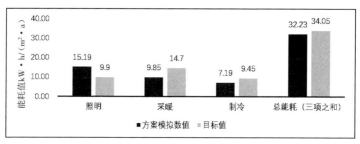

图16 市民中心模拟结果与目标值对比

由模拟结果可知,市民中心总能耗值为 32.23 kW·h/(m²·a),小于寒冷地区办公建筑能耗强度目标值 34 kW·h/(m²·a),即方案达标,无须对其进行设计优化,进一步证明了针对市民中心所筛选的绿色设计策略是合理和有效的。

3. 结论

以性能目标为导向的绿色建筑设计流程的提出,旨在从方案设计的源头对建筑性能进行控制,针对实际情况,运用气候应对、空间设计、运行分析、建设时序、材料构造等方面的绿色策略,并将其组合在方案的常规设计中,从而达到建筑与绿色策略的高度融合。实现建筑的绿色性能目标,并非依靠各种技术的堆砌,台儿庄市民服务中心的设计过程正是证明了该节能设计流程的可行性与应用前景。同时,该流程也使得建筑师在方案设计阶段,更加注重以被动式策略为主的绿色设计策略对建筑绿色性能的影响,将绿色与文化传承有机整合,实现绿色美学创新。

参考文献

[1] 宋晔皓. 中国本土绿色建筑设计发展之辩[J]. 新建筑, 2013(4):6.

[2] 刘丛红, 刘立. 新世纪中国绿色建筑的演进与前瞻[J]. 城市空间设计, 2016(4):145-160.

[3] 刘加平, 高瑞, 成辉. 绿色建筑的评价与设计[J]. 南方建筑, 2015(2):4-8.

[4] 住建部. 民用建筑能耗标准:GB/T 51161—2016[S]. 北京:中国建筑工业出版社, 2015.

[5] 住建部. 公共建筑节能设计标准:GB 50189—2015[S]. 北京:中国建筑工业出版社, 2015.